4-5歲

幼兒全方位
智能開發

智力篇 邏輯力訓練

園丁文化

哪兩個相關？（一）

● 看看下面每組圖畫，哪個與左邊的圖畫相關？請圈出來。 難度 ⭐

1.

 A. B. C.

2.

 A. B.  C.

3.

 A. B. C.

4.

 A. B. C.

答案：1.C 2.A 3.C 4.B

2

哪兩個相關？（二）

● 看看下面每組圖畫，哪個與左邊的圖畫相關？請圈出來。

1.

 A. B. C.

2.

 A.  B. C.

3.

 A.  B. C.

4.

 A.  B. 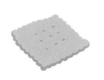 C.

答案：1.A 2.B 3.B 4.C

3

哪兩個相關？（三）

● 看看下面每組圖畫，哪個與左邊的圖畫相關？請圈出來。

1.

A.
B.
C.

2.

A.
B.
C.

3.

A.
B.
C.

4.

A.
B.
C.

答案：1.B 2.A 3.C 4.C

4

哪兩個相關？（四）

● 看看下面每組圖畫，哪個與左邊的圖畫相關？請圈出來。 難度

1.

　A. 　B. 　C.

2.

　A. 　B. 　C.

3.

　A. 　B. 　C.

4.

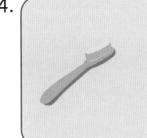　A. 　B. 　C.

哪個不同類？（一）

● **看看下面每組圖畫，哪個東西不同類？請圈出來。**

1.
A.　　　B.　　　C.　　　D.

2.
A.　　　B.　　　C.　　　D.

3.
A.　　　B.　　　C.　　　D.

4.
A.　　　B.　　　C.　　　D.

答案：1.D 2.C 3.B 4.D

6

哪個不同類？（二）

● 看看下面每組圖畫，哪個東西不同類？請圈出來。

1.

A. 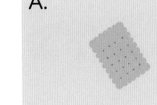　　B. 　　C. 　　D.

2.

A. 　　B. 　　C. 　　D.

3.

A. 　　B. 　　C. 　　D.

4.

A. 　　B. 　　C. 　　D.

答案：1.D 2.D 3.B 4.A

7

哪個不同類？（三）

● **看看下面每組圖畫，哪個東西不同類？請圈出來。**

難度 ★★★

1.
A.   B.   C.   D.

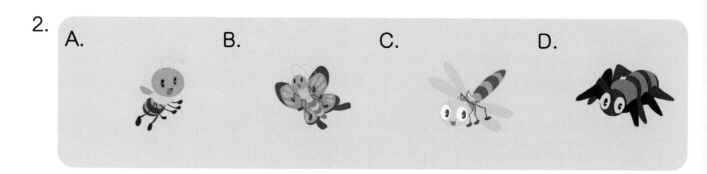

2.
A.   B.   C.   D.

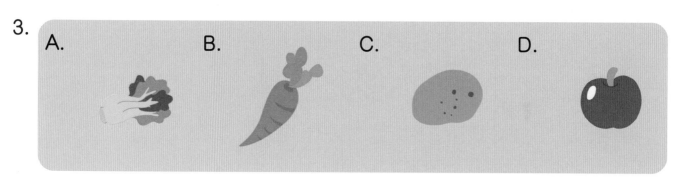

3.
A.   B.   C.   D.

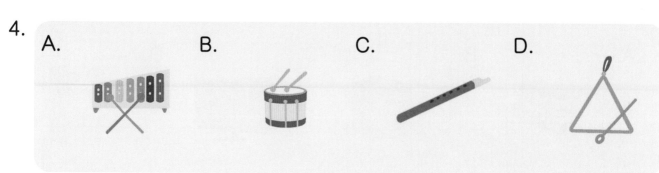

4.
A.   B.   C.   D.

答案：1. B 2. D 3. D 4. C

8

哪個不同類？（四）

看看下面每組圖畫，哪個東西不同類？請圈出來。 難度

1.
A. 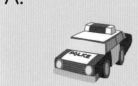　　B. 　　C. 　　D.

2.
A. 　　B. 　　C. 　　D.

3.
A. 　　B. 　　C. 　　D.

4.
A. 　　B. 　　C. 　　D.

答案：1.C 2.D 3.B 4.A

9

它們是屬於……（一）

下面的物品應放在哪裏？請把代表物品的英文字母填在正確的 ☐ 內。　難度 ⭐

1.

玩具箱	

2.

書包	

它們是屬於……（二）

下面的物品應放在哪裏？請把代表物品的英文字母填在正確的 ▢ 內。 難度 ★★

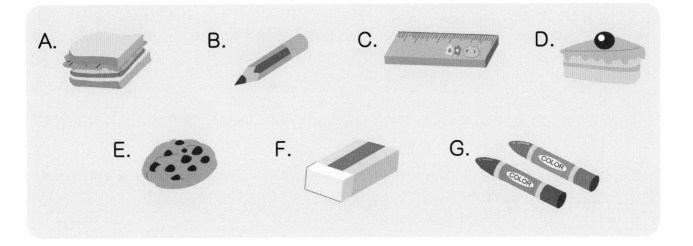

A.　B.　C.　D.

E.　F.　G.

1.	鉛筆盒	

2.	食物盒	

它們是屬於……（三）

下面的物品可以在哪裏找到？請把代表物品的英文字母填在正確的 □ 內。 難度 ★★★

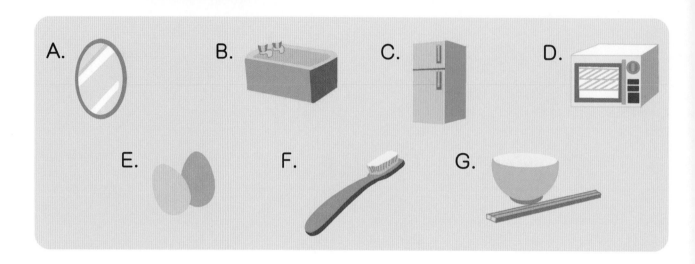

A. B. C. D.

E. F. G.

1. 廚房	
2. 洗手間	

12

它們是屬於……（四）

下面的人物和物品可以在哪裏找到？請把代表人物和物品的英文字母填在正確的 ☐ 內。　難度 ★★★★

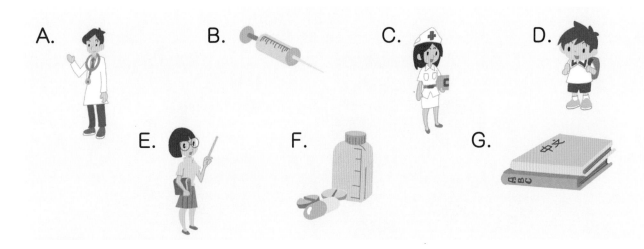

A.　　　　　B.　　　　　C.　　　　　D.

E.　　　　　F.　　　　　G.

1.	醫院	

2.	學校	

它們不屬於……（一）

● 請看看下面的圖畫，圈出 4 個不屬於超級市場的東西。 難度 ★

小朋友，我們可以在超級市場做什麼事？試說一說。

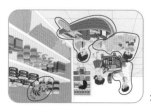

：案答

它們不屬於……（二）

● 請看看下面的圖畫，圈出 4 個不屬於遊樂場的東西。　 難度 ★★

小朋友，你可以在遊樂場做什麼事？
試說一說。

答案：

15

它們不屬於……（三）

● **請看看下面的圖畫，圈出 4 個不屬於沙灘的東西。**

小朋友，你可以在沙灘做什麼事？試說一說。

答案：

16

它們不屬於……（四）

● **請看看下面的圖畫，圈出 4 個不屬於農場的東西。** 難度

小朋友，我們可以在農場裏看到什麼人和事物？試說一說。

答案：

17

需要什麼？（一）

● 天晴，小朋友戴帽子遮擋陽光。下雨天，小朋友需要什麼東西？請圈出正確的物件。 難度 ⭐

A. B. C.

答案：B

18

需要什麼？（二）

● 游泳時，小朋友拿救生圈保護自己。踏單車時，小朋友需要什麼東西？
請圈出正確的物件。 難度 ★★

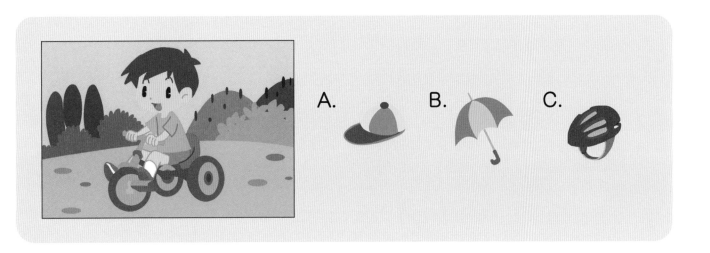

A. B. C.

答案：C

19

需要什麼？（三）

小狗愛吃骨頭。小貓愛吃什麼東西？請圈出正確的食物。　

　　A. 　B. 　C.

需要什麼？（四）

晚上，小朋友在牀上睡覺。吃飯時，小朋友在什麼地方吃東西？請圈出正確的地方。　難度 ⭐⭐

A. 　　B. 　　C.

答案：C

21

● 請參考左邊圖畫之間的關係，推測右邊的圖畫與哪幅圖畫有關係，圈出正確的圖畫。 難度 ★

1.

　　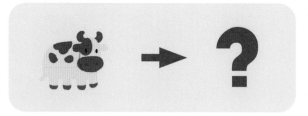

A. 　　　　B.

C. 　　　　D.

2.

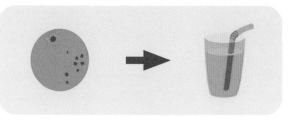　

A. 　　　　B.

C. 　　　　D.

答案：1.C 2.A

22

該選哪一個？（二）

● 請參考左邊圖畫之間的關係，推測右邊的圖畫與哪幅圖畫有關係，圈出正確的圖畫。　難度 ⭐⭐

1.

A. 　　　B.

C. 　　　D.

2.

　　　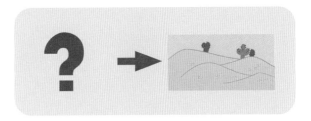

A. 　　　B.

C. 　　　D.

答案：1. B　2. C

23

● 請參考左邊圖畫之間的關係，推測右邊的圖畫與哪幅圖畫有關係，圈出正確的圖畫。 難度 ★★★

1.

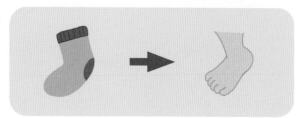 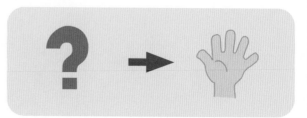

A. 　　　　　B.

C. 　　　　　D.

2.

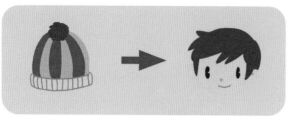 

A. 　　　　　B.

C. 　　　　　D.

該選哪一個？（四）

● 請參考左邊圖畫之間的關係，推測右邊的圖畫與哪幅圖畫有關係，圈出正確的圖畫。 難度 ★★★★

1.

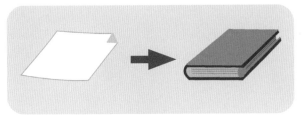 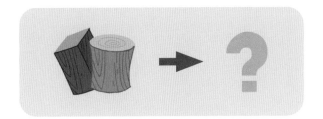

A.

B.

C.

D.

2.

A.

B.

C.

D.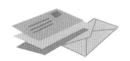

答案：1. B 2. C

25

哪一個才對？（一）

● 中間的圖畫與上下和左右的圖畫都有關係，下面哪幅圖畫適合放在中間？請圈出來。　難度 ⭐

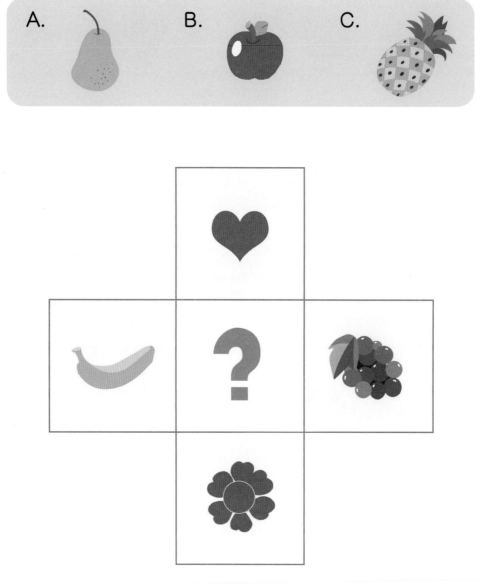

A.　　　B.　　　C.

小提示　紅心和紅花有什麼關係？香蕉和葡萄有什麼關係？

答案：B

26

哪一個才對？（二）

● 中間的圖畫與上下和左右的圖畫都有關係，下面哪幅圖畫適合放在中間？請圈出來。 難度 ★★

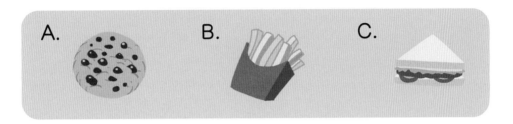

A. B. C.

小提示　　雪糕和麵包有什麼關係？時鐘和輪子有什麼關係？

答案：A

哪一個才對？（三）

● 中間的圖畫與上下和左右的圖畫都有關係，下面哪幅圖畫適合放在中間？請圈出來。 難度 ★★★

A. B. C.

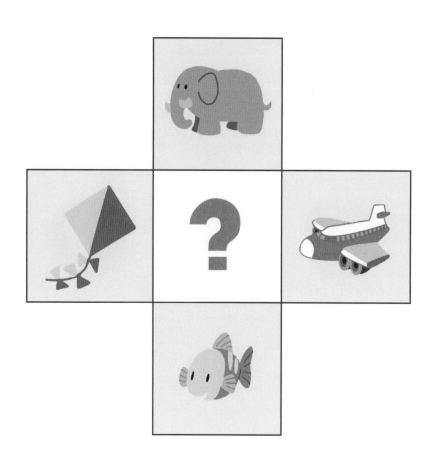

小提示 大象和魚兒有什麼關係？風箏和飛機有什麼關係？

答案：B

28

哪一個才對？（四）

● 中間的圖畫與上下和左右的圖畫都有關係，下面哪幅圖適合放在中間？請圈出來。　難度 ★★★★

A. 　B. 　C.

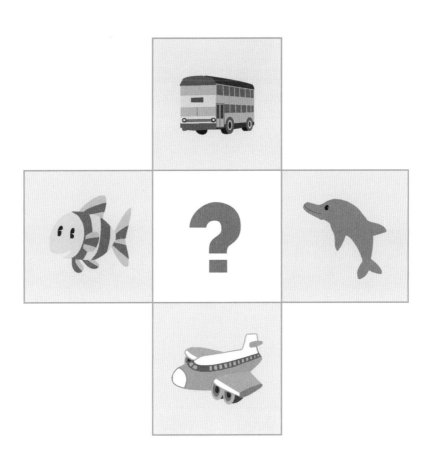

小提示　巴士和飛機有什麼關係？魚兒和海豚有什麼關係？

下一個是……（一）

● 請按照排列規則，把花朵填上正確的顏色。 難度 ⭐

1.

2.

3.

4.

下一個是……（二）

● 請按照排列規則，在 ◯◯◯ 內圈出下一杯雪糕。 難度 ★★

1.

2.

3.

4.

答案：1.C 2.A 3.C 4.B

31

下一個是……（三）

● 請按照排列規則，在 ⬚ 內圈出下一個圖案。 難度 ★★★

1.

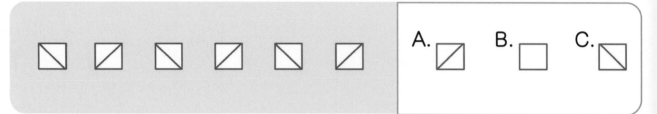

2.

3.

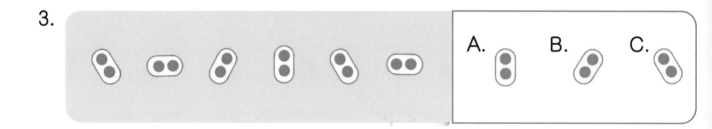

4.

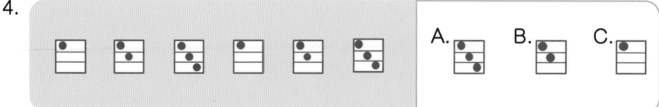

答案：1.C 2.A 3.B 4.C

32